JN076043

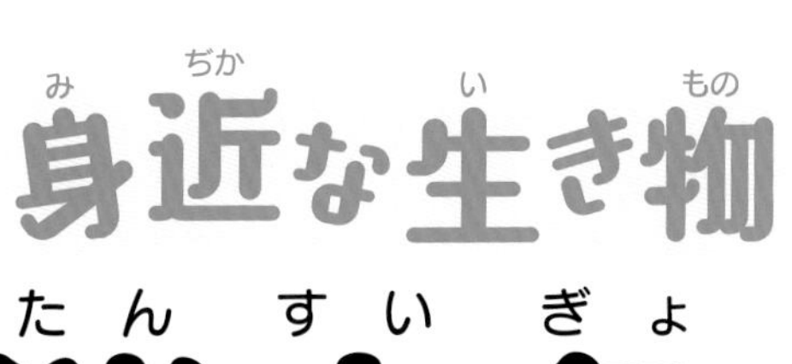

身近(みぢか)な生(い)き物(もの)

淡水魚(たんすいぎょ)・淡水生物(たんすいせいぶつ)

③きれいな水(みず)編(へん)

～マス、イワナ、サンショウウオほか～

監修(かんしゅう)／さいたま水族館(すいぞくかん)

汐文社(ちょうぶんしゃ)

はじめに

この本は、みなさんが自宅や学校の水槽で飼っているような、身近な「淡水の生き物」を紹介する図かんです。「淡水」というのは、海の水のようにしょっぱいものではなくて、川や池、田んぼなどのように、塩分がない水のことです。

淡水には、いろいろな魚のほかにも、ザリガニやカメ、タニシなどの生き物が魚たちといっしょにすんでいます。日本の淡水にはさまざまな生き物がすんでいますが、日本に昔からすんでいる「在来種」のほかに、「国外外来種※」と呼ばれる、外国から持ちこまれた生き物もたくさんすんでいます。

この本では、淡水の魚や生き物が、どんな種類がいて、どのような特ちょうを持っているのかを写真で紹介しています。第３巻では、川の上流や湖など、きれいな水にすむ魚などの生き物や、琵琶湖にすむ「固有種」など、ある特定の地域にしかいない特しゅな生態を持つ生き物などを紹介しています。

（※外来種には、「国外外来種」のほかに、国内の他の地域から持ちこまれた「国内外来種」がいる）

川の上流の生き物

川の上流は源流に近いので、川はばがせまくて、流れが速く、冷たくきれいな水が流れています。大きな石や岩の下にかくれたりしながら、多くの生き物がすんでいます。

カジカ〈カジカ科〉

石の多い川底を好み、水生昆虫などを食べます。オスが卵を守ります。

大きさ※ 約 15cm
生息地 川の上流～中流
分布 本州～九州北西部

（※このシリーズでは、特に表記がない限り、「大きさ」は、成体の体長（魚の場合、鼻先から尾びれのつけ根まで）を示す）

アジメドジョウ〈ドジョウ科〉

細長い体形をしていて、6本の口ひげがあります。流れの強い場所を好み、コケを食べます。

大きさ 約7cm　生息地 川の上流～中流
分布 中部地方～近畿地方

アマゴ〈サケ科〉

体に黒い小判型の模様と赤いはん点があります。一生を淡水で過ごす陸封型※で、海に降りる降海型※はサツキマスといいます。

大きさ　約 20cm　生息地　川の上流

分布　本州（静岡県以西の太平洋側）～九州の一部

（※降海型は、川で生まれるが、川に残らず成長のため海に降り、産卵のために川に戻る魚のこと。陸封型は、川で生まれ、一生を川で過ごし、川で産卵する魚のこと。くわしくは 2 巻参照）

アブラハヤ〈コイ科〉

体の表面に油をぬったようなぬめりがあり、1 本の黒いしまがあります。

大きさ　約 10cm　生息地　湖・川の上流～中流

分布　青森県～福井県・岡山県

ゴギ〈サケ科〉

頭の先たんから体全体にかけて白いはん点があります。イワナ類は、すむ地域によりエゾイワナ、ニッコウイワナ、ヤマトイワナ、ゴギに分けられます。

大きさ　約 20cm　生息地　川の上流

分布　中国地方

タカハヤ〈コイ科〉

アブラハヤと似ていますが、尾びれのつけ根など体形が太めで、体に細かいはん点模様があります。

大きさ　約 9 cm　生息地　湖・川の上流～中流

分布　本州（静岡県・福井県以西）～九州

ニッコウイワナ〈サケ科〉

体に白いはん点がありますが、頭にはありません。水の中の昆虫や、ほかの魚を食べます。湖にすむものは大きくなりますが、川にすむものは一生小型です。

大きさ　約25cm　生息地　湖・川の上流

分布　青森県～山梨県、鳥取県など

ヤマトイワナ〈サケ科〉

体の側面にオレンジ色の模様があります。水生昆虫や水面に落ちてきた昆虫、小魚などを食べます。

大きさ　約25cm　生息地　湖・川の上流

分布　神奈川県以西の太平洋側、琵琶湖水系、紀伊半島

写真提供：アクア・トトぎふ

ヤマメ〈サケ科〉

体に黒い小判型の模様とはん点があり、地方によりその形が異なります。淡水で一生を過ごすものをヤマメ、海に降りるものをサクラマスといいます。

大きさ　約20cm　生息地　湖・川の上流

分布　北海道、本州（青森県～神奈川県・山口県）、九州の一部

カジカガエル〈アオガエル科〉

はんしょく期の4～8月にかけて、オスはメスを求めて美しい声で鳴きます。体は平たく、石のような色をしています。

大きさ	約7cm
生息地	川の上流などの水気のある場所
分布	本州～九州

タゴガエル〈アカガエル科〉

しめった岩やコケの下にすんでいます。昆虫やクモ、カタツムリなどを食べます。

大きさ	約5.5cm
生息地	川の上流などの水気のある場所
分布	本州～九州

ナガレタゴガエル〈アカガエル科〉

写真提供：アクア・トトぎふ

水中ではんしょくを行うので、はんしょく期にはオスもメスも皮ふ呼吸の面積を増やすために皮ふがたるみます。オスがメスを求めて鳴くためにある「鳴のう」というふくろがありません。

大きさ	約6cm	生息地	川の上流などの水気のある場所
分布	関東地方～山陰地方		

ヤマアカガエル〈アカガエル科〉

体の色は赤茶色で、のどの部分に黒い模様があり、背中の筋が曲がっています。

大きさ	約8cm
生息地	川の上流などの水気のある場所
分布	本州～九州

ヘビトンボ〈ヘビトンボ科〉

トンボに似た夜行性の昆虫です。幼虫のときには川の中にすみ、土の中でさなぎになってから成虫になります。あごが発達しています。

大きさ　約6cm
生息地　水路・川の上流〜中流
分布　北海道〜九州

オオヤマカワゲラ〈カワゲラ科〉

羽を持った昆虫で、同じ科の中では大型種です。幼虫のときには羽がなく、水中で過ごします。

大きさ　約3cm　生息地　川の上流
分布　北海道〜九州

フタスジモンカゲロウ〈モンカゲロウ科〉

体は黄色で、成虫は大小2対の三角形の羽を持ちます。長い尾は3本あります。幼虫は川底の砂の中を好みます。

大きさ　約2cm　生息地　川の上流
分布　北海道〜九州

ムカシトンボ〈ムカシトンボ科〉

1億年以上前のトンボの特ちょうを残すとされる日本にしかいない昆虫です。成虫は止まるときに羽を閉じる習性があります。幼虫はきれいな川にしかすめません。

大きさ　約2cm　生息地　川の上流
分布　北海道〜九州

ヨツメトビケラ〈フトヒゲトビケラ科〉

幼虫は水中で育ちます。写真のように体の中から出す糸で砂つぶなどを体にまきつけて巣を作り、さなぎになります。成虫はオスの羽に白や黄色の模様があります。

大きさ　約2cm　生息地　川の上流
分布　本州〜九州

サワガニ〈サワガニ科〉

日本にしかいない淡水で過ごすカニです。水中や川岸の石の下などで見られます。からあげなどで食用にもされます。

大きさ	（甲幅）約3cm
生息地	川の上流〜中流
分布	本州〜九州、大隅諸島

シマアメンボ〈アメンボ科〉

丸みのある茶色の体に、黒色のふくざつな模様がある、長い足が特ちょう的なアメンボです。羽があるタイプとないタイプがいます。

大きさ	約0.5cm	生息地	川の上流
分布	北海道〜九州、奄美郡島		

ヤマトヌマエビ〈ヌマエビ科〉

体の横に黒い点線のような模様がある、淡水にすむエビです。雑食性なので水槽のそうじのために飼われることもあります。

大きさ	約4cm	生息地	川の上流〜中流
分布	本州（千葉県・鳥取県以西）〜九州		

生きた化石 サンショウウオ

サンショウウオはカエルやイモリと同じ両生類です。中国にいるオオサンショウウオの一種には体長 1.5m、体重 40kg をこえるものもいますが、そのほかは、おおむね小型で 20cm 以下のものがほとんどです。

オオサンショウウオ〈オオサンショウウオ科〉

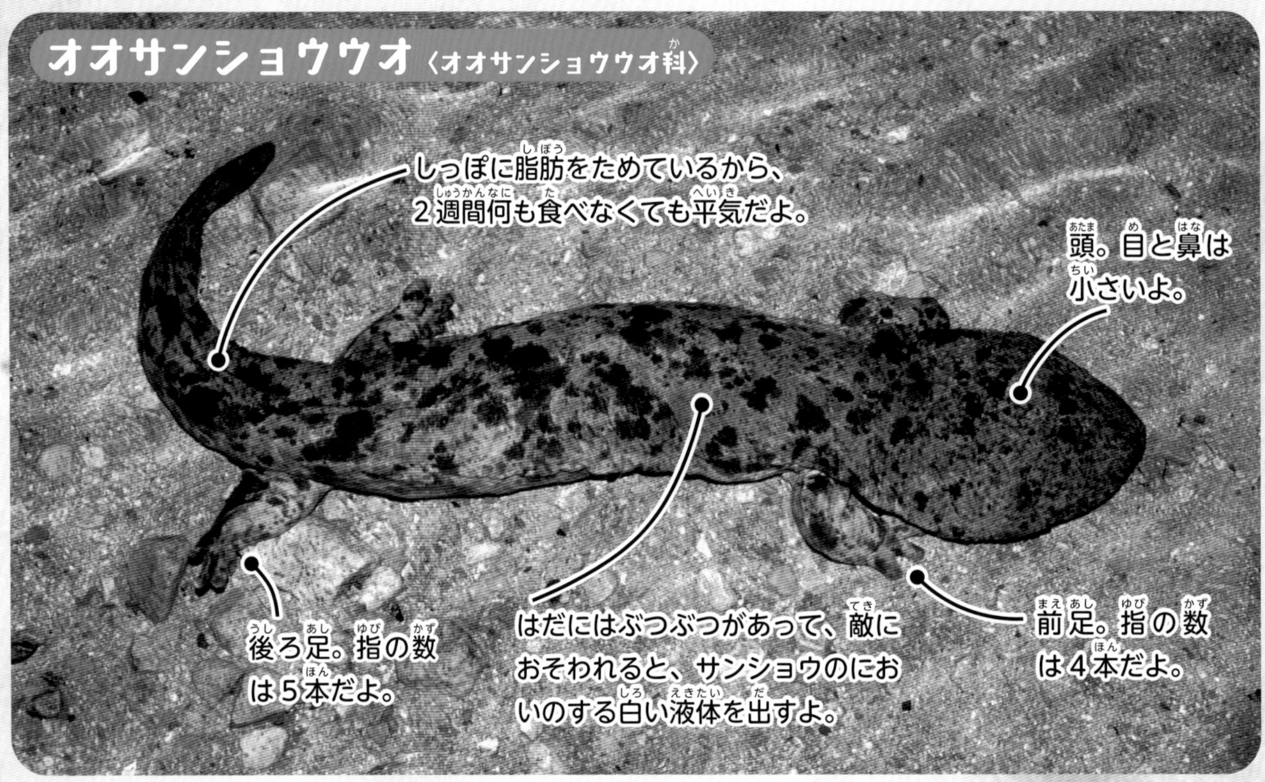

写真提供：アクア・トトぎふ

世界一大きい両生類で、3000 万年前の化石と比かくしても、体形がほぼ変わっていないので「生きた化石」とも呼ばれています。とても長生きで、70 年以上生きるものもいます。夜行性で、魚やサワガニ（9 ページを見てね）などを食べます。

大きさ （全長）約 1m　生息地 川の上流～中流

分布 本州（岐阜県以西）～九州

トウキョウサンショウウオ〈サンショウウオ科〉

関東でよく見られるサンショウウオで、足がほかのサンショウウオより短く、尾の上下には筋がありません。

大きさ	（全長）約 13cm
生息地	林などの水気のある場所
分布	福島県、関東地方など

ハコネサンショウウオ〈サンショウウオ科〉

肺を持たないので、皮ふ呼吸ができるように、体がかんそうしない場所にすみます。ほっそりした体つきです。

大きさ	（全長）約 19cm
生息地	川の上流
分布	本州、四国

オキサンショウウオ〈サンショウウオ科〉

島根県の隠岐諸島にのみすみます。背中に黄色の模様があり、幼生（子ども）は流れのあるけい流で育つものと、流れのない場所で育つものがいます。

大きさ	（全長）約 13cm
生息地	川の上流
分布	隠岐島後

ヒダサンショウウオ〈サンショウウオ科〉

背中に黄色の模様があります。じょうぶな卵のうに包まれた卵を産みます。幼生のときには水中で過ごし、つめがあるものがいます。

大きさ	（全長）約 18cm
生息地	川の上流
分布	関東地方～中国地方

カスミサンショウウオ〈サンショウウオ科〉

西日本でよく見られるサンショウウオで、尾の上下に黄色のふちどりがあります。昆虫やミミズなどを食べます。

大きさ	（全長）約 13cm
生息地	林などの水気のある場所
分布	本州（中部地方以西）～九州

冷たい水にすむ魚

きれいな水を好む魚は、川の上流のほかに、山の中にあったり、ゆう水があったりして水温が低い、湖や池・沼にもすんでいます。泳ぐ力の弱い小さな魚のほか、外国の寒い地方からやってきた大きな魚もすんでいます。

ヒメマス〈サケ科〉

体の色は銀色ですが、オスははんしょく期に赤みがかった色に変わります。川で生まれて湖で育ちます。降海型はベニザケです。

大きさ 約35cm　生息地 湖

分布 北海道、本州（青森県、栃木県、神奈川県、山梨県、長野県）

クニマス〈サケ科〉

ダム開発のために1940年以降に絶めつしたと考えられていた、秋田県田沢湖にのみ生息していたヒメマスに近いサケの仲間です。「幻の魚」といわれていましたが、1935年に山梨県西湖に移しょくされたものが生き残っていたことが2010年にわかり、大きな話題になりました。

大きさ 約30cm　生息地 湖

分布 西湖

コクチバス〈サンフィッシュ科〉

北アメリカ原産で、特定外来生物※に指定されています。オオクチバス（2巻を見てね）よりも冷たい水に強く、エビ類や小魚をよく食べます。

大きさ 約40cm　生息地 池・沼・湖

分布 原産は北アメリカ。日本では山梨県を除く青森県～和歌山県などに定着

（※「特定外来生物」は、外来生物の中で、特に生態系に害を及ぼす可能性のある生物。法律で指定している）

ハリヨ〈トゲウオ科〉

背びれの前方に３本のトゲがあり、ウロコの代わりに「りん板」と呼ばれるものがあります。オスは水底に水草などで巣を作って卵を守ります。ゆう水のある場所にしかすめません。

大きさ 約5cm　生息地 池・沼・水路・川の上流

分布 岐阜県、滋賀県

ブラウントラウト〈サケ科〉

茶色い体に黒色のはん点模様がある、ヨーロッパなどが原産のマスで、北米にも移しょくされています。カワマス（１巻を見てね）の移入時、その卵にまじってやってきたといわれています。

大きさ 約30cm　生息地 湖・川の上流〜下流

分布 原産はヨーロッパ、西アジア。日本では北海道、本州の一部に定着

トミヨ属淡水型（トミヨ）〈トゲウオ科〉

ゆう水のある場所にのみすみます。背びれの前方に複数のトゲがあります。オスは水草などで巣を作って卵を守ります。

大きさ 約7cm　生息地 池・沼・水路

分布 北海道、本州（青森県〜岩手県・福井県）など

ワカサギ〈キュウリウオ科〉

銀色で細長い体形をしています。一生を川や湖で過ごすものと、海の近くにいてはんしょく期だけ川に上るものがいます。食用に放流されています。

大きさ 約10cm　生息地 池・沼・湖・川の下流

分布 北海道、本州（青森県〜東京都・島根県）

琵琶湖にすむ生き物

ここからは特しゅな地域にすむ生き物たちを紹介していきます。琵琶湖は今から約400万年前にできた古い湖で、日本一の面積をほこります。ある特定の地域にのみ生息する生き物を「固有種」と呼びますが、琵琶湖にはたくさんの固有種がすんでいます。

ビワコオオナマズ〈ナマズ科〉

大きいものだと体重が20kgをこえる、日本最大のナマズです。ひげは上下のあごに1対ずつあります。下あごはつき出て歯が見えます。夜行性です。

大きさ 約1m　生息地 湖・川の中流

分布 琵琶湖・淀川水系

大きな体だから琵琶湖の主とも呼ばれるよ。

アブラヒガイ〈コイ科〉

体の色は油の色をイメージするような黄かっ色をしています。石の多い水底にすみ、二枚貝に産卵します。

大きさ 約15cm　生息地 湖　分布 琵琶湖（湖北）

スゴモロコ〈コイ科〉

砂底を好み、群れで泳ぐ小型の魚です。琵琶湖の固有種ですが、アユ（2巻を見てね）の放流にまじり移入され、各地の河川にすんでいます。

大きさ 約8cm　生息地 湖・川の中流〜下流

分布 琵琶湖、関東平野

ハス〈コイ科〉

口が上向きに曲がっていて、魚や水生昆虫を食べる肉食性の魚です。水面近くを群れで泳ぎます。

大きさ 約25cm

生息地 湖・川の中流〜下流

分布 琵琶湖・淀川水系、三方五湖、関東平野など

ニゴロブナ〈コイ科〉

銀色で大きな頭に上向きの口をしたフナです。琵琶湖特産の「ふなずし」の原料に使われていますが、近年、数を減らしています。

大きさ 約30cm　生息地 湖・水路・川の中流

分布 琵琶湖水系

イワトコナマズ〈ナマズ科〉

目が体の左右に少し飛び出ていて、こげ茶色の体にうすい茶色のまだら模様があります。水生昆虫や甲かく類を食べます。

大きさ 約50cm　生息地 湖

分布 琵琶湖、余呉湖

ビワマス〈サケ科〉

琵琶湖に流れこむ川で産卵し、琵琶湖で育つサケ科の魚で、海には降りません。芦ノ湖や中禅寺湖にも放流されています。

大きさ 約40cm　生息地 湖

分布 琵琶湖、中禅寺湖、芦ノ湖、木崎湖

ホンモロコ〈コイ科〉

食用として琵琶湖からほかの湖にも放されました。プランクトンなどを食べます。養しょくもされています。

大きさ	約9cm	生息地	湖
分布	琵琶湖、奥多摩湖、山中湖、河口湖、湯原湖		

ワタカ〈コイ科〉

細長い体に小さな頭と大きな目を持ち、鼻先がしゃくれています。もともとは琵琶湖に生息していた魚ですが、アユが放流されたときに各地に移入されました。

大きさ	約25cm
生息地	池・沼・湖・水路・川の下流
分布	本州（関東地方〜中国地方）、九州

アナンデールヨコエビ〈キタヨコエビ科〉

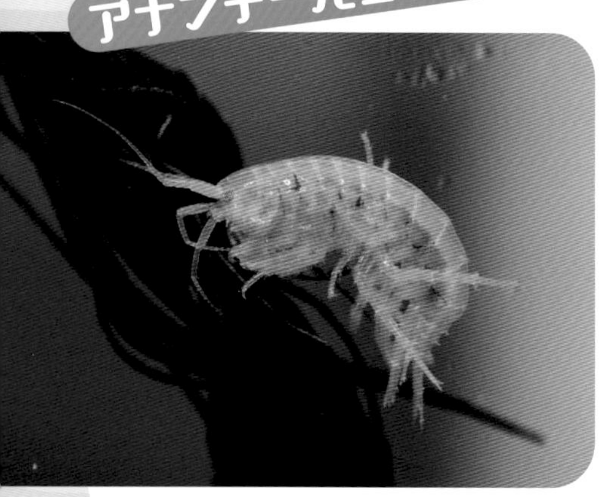

昼は水底にいて、夜になると泳いで上昇します。ビワマスのえさになるなど、琵琶湖の生態系を支えています。

大きさ	約1.5cm		
生息地	湖	分布	琵琶湖

セタシジミ〈シジミ科〉

琵琶湖から流れる瀬田川にいるシジミという意味の名前を持ちます。食用にされています。

大きさ	（殻長）約2.5cm
生息地	湖・川の中流
分布	琵琶湖水系

ナガタニシ〈タニシ科〉

からがとがっているのが特ちょうで、琵琶湖の貝の中では大きい部類に入ります。

大きさ	（殻高）約7cm		
生息地	湖	分布	琵琶湖

利根川水系にすむ外来魚

ソウギョ、アオウオ、ハクレン、コクレンの４種類は、中国で食用のために育てられる魚で、「中国四大家魚」と呼ばれています。日本には 1878 年ころから移入され、おもに利根川・江戸川水系に定着しています。中国ではこの４種類は食性が異なるので、同じ池で育てることができるといわれています。

ソウギョ〈コイ科〉

太くて丸い体つきで、きれいなウロコ模様が特ちょうです。水草を食べます。

大きさ	約 1m
生息地	池・沼・湖・川の中流～下流
分布	原産は東アジア。日本では利根川・江戸川水系に定着

アオウオ〈コイ科〉

青みを帯びた体で、とがった口にひげはありません。貝類などを食べます。

大きさ	約 1m
生息地	池・沼・湖・川の中流～下流
分布	原産は東アジア。日本では利根川・江戸川水系に定着

四大家魚の「食べ物サイクル」

①ソウギョが草を食べるよ

②タニシが水底のソウギョのふんを食べるよ

③アオウオがタニシを食べるよ

④アオウオの食べ残しやふんでプランクトンが発生するよ

⑤ハクレン、コクレンがプランクトンを食べるよ

ソウギョなどの移入のとき、タイリクバラタナゴ（2巻を見てね）もついてきたんだよ。

ハクレン〈コイ科〉

産卵前に集団でジャンプをしますが理由はわかっていません。植物プランクトンを食べます。

大きさ	約 1m
生息地	池・沼・湖・川の中流～下流
分布	原産は中国。日本では利根川・江戸川水系などに定着

コクレン〈コイ科〉

目は口より下側にあり、体に黒っぽい模様があります。動物プランクトンを食べます。

大きさ	約 1m
生息地	池・沼・湖・川の中流～下流
分布	原産は中国。日本では利根川・江戸川水系に定着

北にすむ生き物

北海道や東北地方などの寒い地域では1年中水温が低いので、冷たい水を好む生き物が集まります。どんな生き物がいるのか見ていきましょう。

写真提供：アクア・トト ぎふ

イトウ〈サケ科〉

サケの仲間で、春夏は川の上流、秋冬は中流〜下流や海へ移動します。養しょくも行われています。

大きさ	約1m
生息地	池・沼・湖・川の中流〜下流
分布	北海道

アメマス〈サケ科〉

川で育ったあと海に降りる降海型の魚です。アメマスの陸封型をエゾイワナと呼びますが、体の大きさはアメマスの半分くらいです。

大きさ	約40cm	生息地	湖・川の上流〜下流
分布	北海道、本州（青森県〜山形県・千葉県）		

エゾウグイ〈コイ科〉

淡水で一生を過ごします。オスの婚姻色はほかのウグイの仲間に比べてはっきりとあらわれません。

大きさ	約20cm
生息地	川の上流〜下流
分布	北海道、本州（東北地方）

エゾトミヨ〈トゲウオ科〉

背びれの前方に短いトゲが9～13本あります。オスは水草などで巣を作って卵を守ります。

大きさ　約7cm　生息地　池・沼・水路・川の中流～下流

分布　北海道

オショロコマ〈サケ科〉

日本では北海道（南部を除く）のみに生息するイワナの仲間です。川だけで暮らすものと、海に降りるものがいます。水生昆虫を食べます。

大きさ　約20cm

生息地　湖・川の上流～下流

分布　北海道（南部を除く）

ヤチウグイ〈コイ科〉

体の側面に黒色のはん点が並んでいます。平地やしっ地の池を好み、水底の藻類や水生昆虫などを食べて育ちます。

大きさ　約10cm　生息地　池・沼・水路・川の中流～下流

分布　北海道

エゾホトケドジョウ〈ドジョウ科〉

口ひげが4対あり、体の側面に黒いしまがあります。水草の多い、ゆるやかな流れのところの砂や泥底を好みます。

大きさ　約5cm　生息地　池・沼・水路・川の中流～下流

分布　北海道、青森県

キタサンショウウオ〈サンショウウオ科〉

日本では北海道の釧路しつ原に生息している、絶めつが心配されるサンショウウオです。厳しい寒さに強く、ほかのサンショウウオより短い尾を持ちます。

大きさ　（全長）約15cm　生息地　池・沼　分布　北海道

南にすむ生き物

沖縄県や九州などの暖かい地域では1年中水温が高いので、温かい水を好む生き物が集まります。どんな生き物がいるのか見ていきましょう。

カワスズメ（モザンビークティラピア）〈カワスズメ科〉

メスは卵を口の中に入れてふ化させ、稚魚が自分でえさをとれるようになるまで口の中で育てます。

大きさ　約30cm　生息地　湖・川の下流

分布　原産はアフリカ。日本では大分県、鹿児島県、沖縄県などに定着

テッポウウオ〈テッポウウオ科〉

背中側に5本の黒いしま模様があります。水面に近い場所から口に含んだ水を発射して、昆虫などを打ち落として食べます。

大きさ　約20cm　生息地　川の下流

分布　西表島

ヒメツバメウオ〈ヒメツバメウオ科〉

ひし形に近い体形をしています。成魚は内湾などの塩分のある浅い場所で過ごし、幼魚は河口から下流の淡水で育ちます。

大きさ　約14cm　生息地　川の下流

分布　大隅諸島、沖縄県など

オオウナギ〈ウナギ科〉

体全体にまだら模様があり、ニホンウナギ（2巻を見てね）よりも低温に弱いウナギです。夜行性で、甲かく類や魚、カエルなどを食べます。

大きさ	約2ｍ
生息地	池・沼・湖・川の中流～下流
分布	本州（茨城県以西の太平洋側）～沖縄県

ミナミトビハゼ〈ハゼ科〉

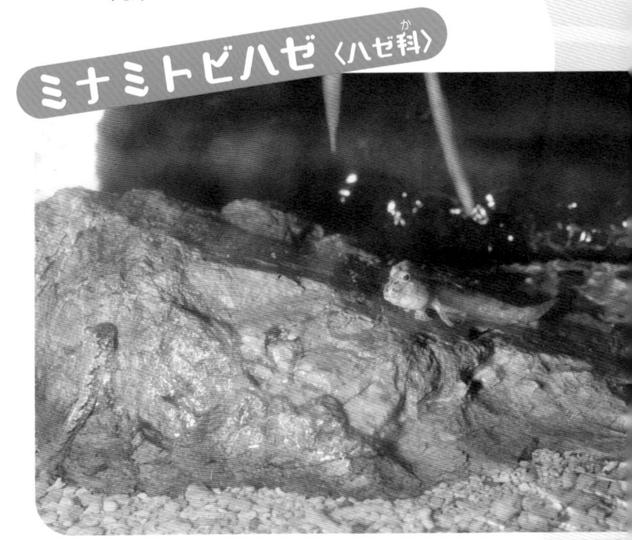

上に飛び出た目や、黒い帯のある背びれが特ちょう的です。皮ふ呼吸もできて、胸びれではねるように移動します。

大きさ	約 8cm	生息地	川の下流
分布	大隅諸島、沖縄県など		

リュウキュウアユ〈アユ科〉

アユに似ていますが、アユより少しずんぐりとした体形です。アユと同じように川で生まれてすぐ海へ降り、やがて川に戻ってきます。

大きさ	約 12cm	生息地	川の中流～下流
分布	奄美群島、沖縄県		

タイワンキンギョ〈ゴクラクギョ科〉

パラダイスフィッシュという名前で観賞魚として飼われることもある魚です。えらが変化したラビリンス器官という特別な部分で空気呼吸ができます。水面に水草とあわで巣を作ります。

大きさ	約7cm	生息地	池・沼・田んぼ・水路・川の下流
分布	沖縄県		

イシカワガエル〈アカガエル科〉

体の色は黄緑色で、金かっ色のまだら模様が入り、日本一美しいカエルといわれています。吸ばんが発達しているので木登りも得意です。

大きさ　約12cm　生息地　川の上流などの水気のある場所
分布　奄美群島、沖縄県

オキナワオオミズスマシ〈ミズスマシ科〉

大きさは日本のミズスマシ（2巻を見てね）の中で最大です。流れのゆるやかな川の上流を群れになって泳ぎます。

大きさ　約2cm　生息地　川の上流　分布　奄美群島、沖縄県

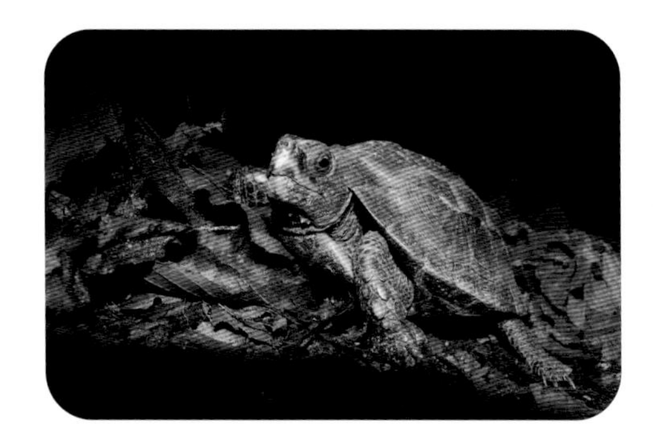

リュウキュウヤマガメ〈イシガメ科〉

赤い甲らには3本の筋が入っています。水辺近くの陸で暮らしていて、川に入ることもあります。

大きさ　（甲長）約15cm　生息地　川の上流　分布　沖縄県

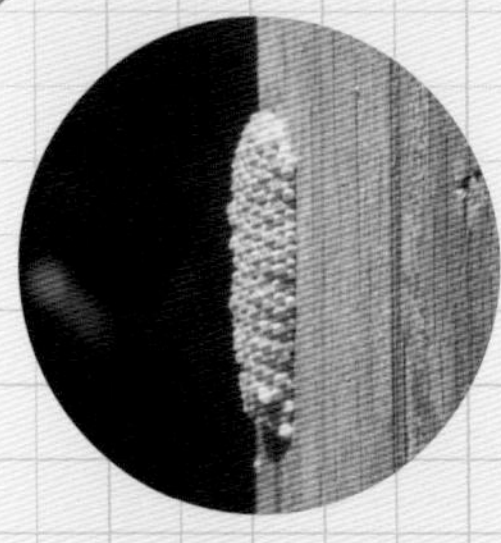

このピンクのものはなぁーんだ？

答えは、
スクミリンゴガイの卵だよ！

スクミリンゴガイ〈リンゴガイ科〉

田んぼや水路ではんしょくし、ジャンボタニシとも呼ばれています。卵はこいピンク色で、水面上の植物などに産みつけられます。食用として1981年に日本に移入されてきました。

大きさ　（殻高）約5cm　生息地　池・沼・田んぼ・水路・川の中流〜下流
分布　原産は南アメリカ。本州（関東地方以西）〜沖縄県

●成貝は田植え直後の稲やレンコンの若芽を食べるので、各地で大きなひ害をもたらして問題になっているよ。

みんなも食べているかも!? 養しょくされる淡水魚

みなさんは、ウナギ（ニホンウナギを２巻で紹介）を食べたことがあるでしょう。私たちが食べるウナギの多くは、人の手によって育てられた「養しょく」のものです。養しょくは食べる目的のほか、つり用や観賞用など、さまざまな目的で行われています。

ニジマス〈サケ科〉

体の真ん中に赤い線が入っていて、水生昆虫や小魚を食べます。おもに食用に養しょくされていますが、つりや観賞を目的に色のちがうニジマスも養しょくされています。

大きさ　約 30cm　生息地　湖・川の上流～下流

分布　原産は北アメリカ。日本では北海道、本州の一部に定着

ニジマスの仲間たち

アルビノニジマス

体の色を黒くするメラニン色素という物質がないため、黄色がかった白い色をしています。

コバルトニジマス

コバルトブルーの色をしているニジマスです。

アマゴ〈サケ科〉

最近、注目されているのが、アマゴ（5ページを見てね）の養しょくです。イクラよりやや黄色っぽい卵がとれ、数を減らしているサケに代わることが期待されています。

ニシキゴイ

観賞用のコイです。新潟県の山間部で食用に飼っていたコイから作られました。紅白、昭和三色、黄金、五色など 80 近くの品種があるといわれています。

学校で習う環境のこと

「固有種」「天然記念物」「絶めつ危ぐ種」ってなぁに？

日本には100以上の、日本でしか見ることのできない「固有種」の魚がすんでいますが、都市開発や地球温暖化などのえいきょうで自然環境が破壊され、その数は減り続けています。そのため国などは「天然記念物」や「絶めつ危ぐ種」を制定し、残された種を守る活動を行っています。ここではそのうちの淡水魚の一部を紹介します。

ウシモツゴ〈コイ科〉

大きさ　約5cm
生息地　池・沼・水路
分布　長野県、静岡県、愛知県、岐阜県、三重県

カワバタモロコ〈コイ科〉

大きさ　約4cm
生息地　池・沼・水路・川の中流
分布　本州（静岡県～岡山県）、四国北部、九州北部

シナイモツゴ〈コイ科〉

大きさ　約7cm
生息地　池・沼・水路
分布　北海道、本州（青森県～福島県・長野県）

スイゲンゼニタナゴ〈コイ科〉

大きさ　約4cm
生息地　水路・川の中流～下流
分布　兵庫県～広島県

ムサシトミヨ〈トゲウオ科〉

大きさ　約5cm
生息地　川の上流
分布　埼玉県

（※絶めつ危ぐＩＡ類は、ごく近い将来野生で絶めつする危険性が極めて高いもの。ＩＢ類は、ＩＡ類ほどではないが、近い将来野生で絶めつする危険性が高いもの）

写真提供：アクア・トト ぎふ

イタセンパラ〈コイ科〉

タナゴの仲間で、体高が高く、ひげがありません。水草の多いゆるやかな流れのところを好みます。秋に二枚貝に産卵します。

大きさ 約 8cm

生息地 水路・川の中流

分布 淀川水系、濃尾平野、富山平野

ネコギギ〈ギギ科〉

日本のギギの仲間ではいちばん小さな種類で、胸びれにトゲがあります。ひれを支える骨をこするようにして音を出します。夜行性で昼間は石の間にかくれています。

大きさ 約 10cm　生息地 川の中流～下流

分布 愛知県、岐阜県、三重県

写真提供：アクア・トト ぎふ

◆固有種って？

その地域にしか育たない生物学上の種のことです。日本の国土以外では見ることのできない生き物は「日本固有種」と呼ばれます。24、25 ページで紹介した魚はすべて日本固有種でもあります。

◆天然記念物って？

日本の文化財保護法によって文部科学大臣が指定した動物、植物、地質、鉱物、自然などのことです。魚類の種や生息地も指定されています。1 巻で紹介した「アユモドキ」、2 巻で紹介した「ミヤコタナゴ」も天然記念物です。

◆絶めつ危ぐ種って？

国際機関や国、地方自治体が野生生物を調査し、「絶めつのおそれのある野生生物の種のリスト」で指定したものです。このシリーズでは日本の環境省が作成したものをもとに紹介しています。ほかに、IUCN（国際自然保護連合）が作成するリストもあります。

生き物がすめるきれいな川にしよう！

魚や水辺の生き物が生活するために不可欠な水が、私たち人間によって汚され続けています。きれいな水を残すために何ができるのか、いっしょに考えてみましょう。

水はどうやってできるのだろう？

海や川で蒸発した水は上空で冷やされると雲に変わり、雨や雪となって地上に戻ります。地上に降った水は地下水になったり、人間や動植物に利用されたりして、最後はまた海に戻ります。

（イラスト：舩附麻依）

人間が使える水はどれくらいだろう？

- 地球の表面は約 70％が水でおおわれています。
- このうちの約 97.5％が海水で、淡水は約 2.5％です。
- 淡水の約 70％が氷河や氷山で、残りはほとんど地下水です。
- 人間が使える川や湖などの水は 0.01％しかありません。

水が汚れる原因はなんだろう？

お風呂や洗たく、トイレ、台所などで使った生活排水や、工場から出る排水などが原因です。例えば、台所で天ぷら油20㎖を排水として流したら、魚がすめる水質に戻すには300ℓのきれいなお風呂の水が20杯も必要なのです。

汚れのもと	➡	魚がすめる水質にするには
マヨネーズ（大さじ1杯）		お風呂（300ℓ）13杯
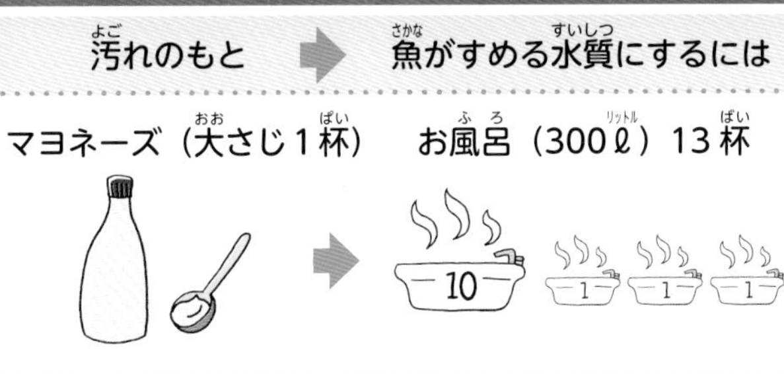		
牛乳（コップ1杯）		お風呂（300ℓ）11杯
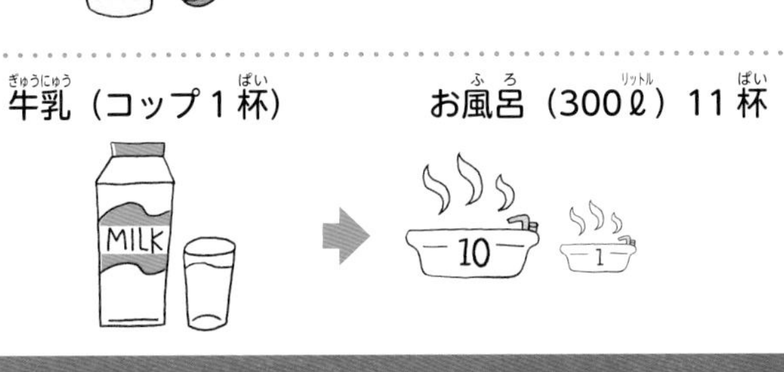		
天ぷら油（20mℓ）		お風呂（300ℓ）20杯

みそ汁（おわん1杯）		お風呂（300ℓ）4.7杯

生活排水を出さないようにしよう！

「ちょっとくらいなら流してもいいだろう」という気持ちが海や川を汚すことにつながるので、ふだんの暮らしで汚れた排水を流さないように気をつけましょう。

〈台所〉

残さずに食べよう

米のとぎ汁は植木などの水やりに使おう

食器を洗う前に汚れをふきとろう

三角コーナーの水切り袋で細かいごみをとろう

食器を洗うときは洗ざいの使いすぎに注意しよう

油はできるだけ捨てないようにし、どうしても捨てるときは新聞紙などにすわせよう

〈お風呂〉

シャンプーやリンスは適量を守ろう

お風呂の残り湯は捨てずに洗たくに使おう

〈洗たく〉

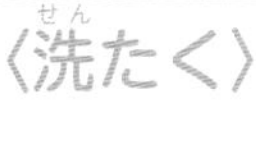

洗ざいは適量を使おう

くずとりネットで細かい洗たくくずをキャッチしよう

〈トイレ〉

こまめにそうじをして、洗ざいをたくさん使うようなそうじの回数を減らそう

「平成19年版 こども環境白書」（環境省）（https://www.env.go.jp/policy/hakusyo/kodomo/h19/index.html）を加工して作成

淡水魚・淡水生物が見られる水族館

全国には淡水魚や淡水生物がいる水族館や動物園がたくさんあります。ここでは特に有名なところを紹介します。このシリーズで紹介した魚を見つけてみましょう。

●さいたま水族館

1983年開館の、日本を代表する淡水専門の水族館の一つです。埼玉県に生息する約70種類の魚や水辺の生き物を展示しています。屋外の日本庭園に造られた池や川では魚が泳ぐ姿を直に観察したり、えさを与えたりすることができます。

〒348-0011 埼玉県羽生市三田ヶ谷751-1　☎ 048-565-1010

給餌タイムには、飼育スタッフによる解説を聞きながら、魚がどのようにえさを食べるかを観察できる。

ふれあい体験では、ウナギやカメ、アメリカザリガニなどの生き物に実際にふれることができる。

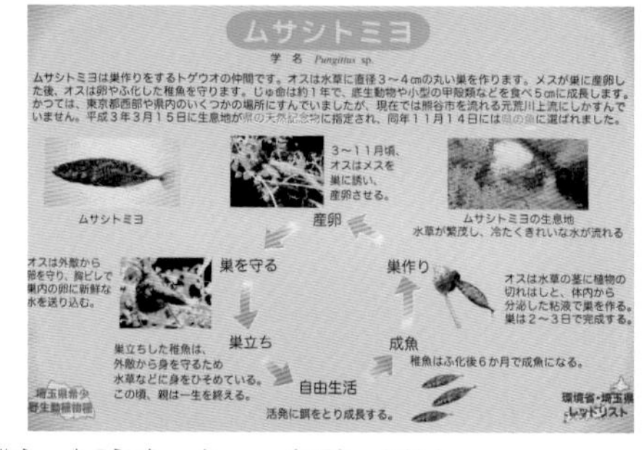

館内の展示は、荒川の上流〜中流〜下流〜河口域を模した水槽が中心。水槽ごとにそこにすむ魚や生き物のくわしい解説が書かれている。

●栃木県なかがわ水遊園

すぐ隣を流れる那珂川の源流から河口までの自然を再現した展示と、栃木県北部八溝地域の自然や文化を紹介しています。工房で開催される体験講座も人気です。

〒 324-0404 栃木県大田原市佐良土 2686

☎ 0287-98-3055

流域の樹々をふんだんに植栽した「那珂川ジオラマ水槽」では、魚たちのさまざまな生態を観察できる。水族館全体には、世界の淡水魚など約 300 種 2 万匹の生き物がいる。

●相模川ふれあい科学館 アクアリウムさがみはら

相模川の水源から河口までを再現しています。「相模川に集い、親しみ、楽しく遊ぶ」をコンセプトに、淡水魚のほか、両生類、水生昆虫などを飼育展示しています。

〒 252-0246 神奈川県相模原市中央区水郷田名 1-5-1

☎ 042-762-2110

相模川の水源から河口までの全長 113km を、長さ 40m の巨大水槽で表現している。「おさかなトレーナーになろう！」のコーナーでは餌づけ体験ができる。

●世界淡水魚園水族館 アクア・トト ぎふ

「長良川の源流から河口まで」と「世界の淡水魚」をテーマに魚類だけでなく、両生類、は虫類、ほ乳類、鳥類、水生植物などを総合的に展示しています。

〒 501-6021 岐阜県各務原市川島笠田町 1453

☎ 0586-89-8200

アユやオイカワ、カエルやカメなど日本の淡水生物をはじめ、世界の淡水魚も展示。ふだんは訪れることができないバックヤードのツアーや、企画展などの館内企画も開催。

●滋賀県立琵琶湖博物館

400 万年という歴史を持つ日本最大の湖、琵琶湖にしかいない固有種を見ることができます。琵琶湖の沖合にいるようなトンネル状の大型水槽があります。

〒 525-0001 滋賀県草津市下物町 1091

☎ 077-568-4811

トンネル水槽では、コイやウグイなどのほか、琵琶湖の固有種であるビワマスやニゴロブナを見ることができる。樹冠トレイルを歩けば広大な琵琶湖が広がっている。

淡水魚・淡水生物が見られる 全国の水族館

札幌市豊平川さけ科学館
〒005-0017 北海道札幌市南区真駒内公園 2 - 1
☎ 011-582-7555

サケのふるさと 千歳水族館
〒066-0028 北海道千歳市花園 2 -312
☎ 0123-42-3001

男鹿水族館 GAO
〒010-0673 秋田県男鹿市戸賀塩浜
☎ 0185-32-2221

アクアマリンいなわしろカワセミ水族館
〒969-3283 福島県耶麻郡猪苗代町大字長田字東中丸 3447- 4
☎ 0242-72-1135

かすみがうら市水族館
〒300-0214 茨城県かすみがうら市坂 910-1
☎ 029-896-0722

しながわ水族館
〒140-0012 東京都品川区勝島 3 - 2 - 1
☎ 03-3762-3433

東京都葛西臨海水族園 淡水生物館
〒134-8587 東京都江戸川区臨海町 6 - 2 - 3
☎ 03-3869-5152

井の頭自然文化園 水生物館
〒180-0005 東京都武蔵野市御殿山 1 -17- 6
☎ 0422-46-1100

森の中の水族館。－山梨県立富士湧水の里水族館－
〒401-0511 山梨県南都留郡忍野村忍草 3098- 1 さかな公園内
☎ 0555-20-5135

蓼科アミューズメント水族館
〒391-0301 長野県茅野市北山 4035-2409
☎ 0266-67-4880

名古屋市東山動植物園 世界のメダカ館・自然動物館
〒464-0804 愛知県名古屋市千種区東山元町 3 -70
☎ 052-782-2111

日本サンショウウオセンター
〒518-0469 三重県名張市赤目町長坂 861- 1 (「赤目四十八滝」内)
☎ 0595-63-3004

和歌山県立自然博物館
〒642-0001 和歌山県海南市船尾 370- 1
☎ 073-483-1777

岡山淡水魚水族館 (※開館：3 月 15 日～ 11 月 15 日)
〒702-8021 岡山県岡山市南区福田 194
☎ 090-7543-5039

マリホ水族館
〒733-0036 広島県広島市西区観音新町 4 -14-35
☎ 082-942-0001

島根県立宍道湖自然館ゴビウス
〒691-0076 島根県出雲市園町 1659- 5
☎ 0853-63-7100

虹の森公園 おさかな館
〒798-2102 愛媛県北宇和郡松野町大字延野々1510- 1
☎ 0895-20-5006

四万十川学遊館 あきついお
〒787-0019 高知県四万十市具同 8055- 5
☎ 0880-37-4110

道の駅やよい 番匠おさかな館
〒876-0112 大分県佐伯市弥生大字上小倉 898- 1
☎ 0972-46-5922

出の山淡水魚水族館
〒886-0005 宮崎県小林市南西方 1091
☎ 0984-22-4326

高千穂町営高千穂峡淡水魚水族館
〒882-1103 宮崎県西臼杵郡高千穂町大字向山 60- 1
☎ 0982-72-2269

国営沖縄記念公園(海洋博公園):沖縄美ら海水族館
〒905-0206 沖縄県国頭郡本部町石川 424
☎ 0980-48-3748

★休館日があるから、インターネットなどで調べてから行ってみよう(上記の情報は 2020 年 2 月現在のもの)。

さくいん

監修

さいたま水族館

埼玉県に生息する水生生物のうち、約 70 種類の魚や水辺の生き物を展示し、生態や特徴を解説している。館内は荒川の流れをモデルにして、上流〜中流〜下流〜河口域の水域別スタイルで展示し、外来魚や希少魚などのコーナーも設けている。
日本庭園に造られた池や川では、魚が泳ぐ姿を観察したり、えさを与えてふれ合ったりすることができるほか、年３回の特別展を開催し、外国の魚を見ることができる。

〒 348-0011 埼玉県羽生市三田ヶ谷 751-1
TEL 048-565-1010

写真提供

さいたま水族館
国営沖縄記念公園（海洋博公園）：沖縄美ら海水族館
相模川ふれあい科学館 アクアリウムさがみはら
世界淡水魚園水族館 アクア・トト ぎふ
栃木県なかがわ水遊園
和良おこし協議会
金尾滋史
刈田敏三（刈田スタディオ）
長良川龍一
PIXTA
フォトライブラリー

参考文献

『小学館の図鑑 NEO POCKET 水辺の生物』（小学館）
『フィールド・ガイドシリーズ３ 日本の魚 淡水編』（小学館）
『ポプラディア大図鑑 WONDA６ 魚』（ポプラ社）
『くらべてわかる淡水魚』（山と溪谷社）
『ヤマケイジュニア図鑑５ 水辺の生き物』（山と溪谷社）
『地球のカエル大集合！ 世界と日本のカエル大図鑑』（PHP 研究所）
『育てて、しらべる 日本の生きものずかん６ カメ』（集英社）
『学研の図鑑 LIVE 水の生き物』（学研プラス）
『水生昆虫１ ゲンゴロウ・ガムシ・ミズスマシハンドブック』（文一総合出版）
『水生昆虫２ タガメ・ミズムシ・アメンボハンドブック』（文一総合出版）
『新訂 水生生物ハンドブック』（文一総合出版）

身近な生き物　淡水魚・淡水生物
③きれいな水編〜マス、イワナ、サンショウウオほか〜

発行日　2020 年３月　初版第１刷発行

監　修　さいたま水族館
発行者　小安宏幸
発行所　株式会社汐文社
〒 102-0071 東京都千代田区富士見 1-6-1
TEL：03-6862-5200　FAX：03-6862-5202
https://www.choubunsha.com/

編集制作　株式会社風讃社（校條 真）、千川美奈子
デザイン・DTP　株式会社ウエイド（土屋裕子）
株式会社明昌堂（相羽裕太）
編集担当　株式会社汐文社（門脇 大）

印刷所　新星社西川印刷株式会社
製　本　東京美術紙工協業組合

ISBN978- 4 -8113-2694- 8